Doreen Wilke

Auftakt!übungen

Das tägliche Ritual zum Unterrichtsbeginn

Mathe
Klasse 4

Cornelsen

Die Autorin
Doreen Wilke hat als Grundschullehrerin gearbeitet und ist seit vielen Jahren als Lektorin für Bildungsmedien tätig.

Alle aufgeführten Systeme und Tools stellen nur Beispiele für die Unterrichtsgestaltung dar. Bitte stimmen Sie sich mit Ihrer Schulleitung dazu ab, welche Systeme oder Tools an Ihrer Schule im Rahmen der Unterrichtsgestaltung genutzt werden dürfen.

Projektleitung: Dorothee Weylandt, Berlin
Redaktion: Judith Krieg, Berlin
Umschlaggestaltung: Jule Kienecker, Berlin
Abbildung „Bunte Steine" auf dem Cover und im Innenlayout: Shutterstock/Michael Urbanek
Layout: krauß-verlagsservice, Ederheim/Hürnheim
Technische Umsetzung: Reemers Publishing Services GmbH, Krefeld

www.cornelsen.de

1. Auflage 2022

Druck: AZ Druck und Datentechnik GmbH, Kempten

ISBN 978-3-589-16873-6

Inhaltsverzeichnis

Vorwort

Kontinuierliches Üben ist im Mathematikunterricht besonders wichtig – darüber herrscht allgemein Konsens. Erworbenes Wissen und Können sollten durch tägliche Anwendung lebendig gehalten und „gepflegt" werden, doch häufig fehlt hierfür die Zeit. Als tägliches Unterrichtsritual am Beginn der Stunde tragen die „Auftaktübungen" diesem Übungsbedarf Rechnung.

Ziel der „Auftaktübungen" ist es, das Gelernte durch fortlaufende Wiederholung in kleinen Einheiten zu festigen. Das Einmaleins, der Umgang mit Größen, das Kopfrechnen ebenso wie die schriftlichen Rechenverfahren und vieles mehr werden zur sicheren Beherrschung mit vermischten Aufgaben trainiert.

Einmal eingeführt, ist diese tägliche Routine von Schuljahr zu Schuljahr fortführbar und stellt einen verlässlichen Baustein bei der Unterrichtsplanung dar. Die Durchführung ist einfach und erfordert wenig Aufwand, wie unter „Umsetzung der Auftaktübungen im Unterricht" näher erläutert wird.

Der Schwerpunkt der Übungen liegt auf der Wiederholung des Lerninhalts aus dem Mathematikunterricht des vorangegangenen Schuljahrs: Er soll als Grundlage für den aktuell und künftig zu lernenden Stoff verfügbar gehalten und fester im Gedächtnis verankert werden.

Die Stundeneröffnung mit den mündlich diktierten Übungen „zwingt" die Schülerinnen und Schüler von der ersten Minute an zu Ruhe und Konzentration, denn jede Aufgabe wird nur einmal (langsam) angesagt.

Im täglichen kleinen Aufgabenpaket ist eine Leistungsdifferenzierung enthalten, die durch ein Spektrum von sehr leichten bis anspruchsvolleren Übungen realisiert wird. Das Ziel ist, dass auch Schülerinnen und Schüler mit Lernschwierigkeiten mindestens einen kleinen Erfolg erleben. Das geringe, aber kontinuierlich verlangte Übungspensum überfordert die Lernenden nicht, sondern bietet ihnen durch tägliche Routine Sicherheit. Die Bewertung ausgewählter Schülerinnen und Schüler ist ein Anreiz für die Lernenden und bietet der Lehrkraft die Möglichkeit, den individuellen Übungsbedarf zu ermitteln und Zensuren zu vergeben.

Die „Auftaktübungen" wenden sich zwar in erster Linie an Mathematiklehrkräfte, aber auch Eltern können mit ihren Kindern im **Homeschooling** dieses kleine Übungspaket mit abwechslungsreichen Aufgaben und mitgelieferten Lösungen täglich mit sehr überschaubarem zeitlichem Aufwand bearbeiten.

Auch für **Quereinsteiger/-innen** und **Vertretungslehrkräfte** ist eine Durchführung der „Auftaktübungen" ohne größeren Aufwand möglich.

Umsetzung der Auftaktübungen im Unterricht

Dieser Band enthält Übungseinheiten für 35 Unterrichtswochen mit jeweils fünf Unterrichtstagen. Der Schwerpunkt liegt auf der Wiederholung des Stoffes aus dem Mathematikunterricht des 3. Schuljahres; aber auch aktueller Stoff wird geübt. Die Übungseinheiten sollten täglich zu Beginn des Mathematikunterrichts bearbeitet werden. Dazu werden die Aufgaben mündlich von der Lehrkraft gestellt (z. T. unter Zuhilfenahme der Tafel, siehe Legende unten).

Da die Kinder die von der Lehrkraft (langsam) angesagten Aufgaben verstehen wollen und eine Bewertung (täglich werden zwei Übungshefte eingesammelt) erfolgt, fordern sie untereinander Ruhe ein, denn sie müssen vom ersten Moment an genau zuhören und sich konzentrieren. Nach einer Phase der Einübung sollte jede Aufgabe nur einmal angesagt werden.

Die tägliche Übungseinheit umfasst **fünf leichtere und mittelschwere Aufgaben** (darunter eine sehr leichte Aufgabe, die zur Unterstützung für Kinder, denen das akustische Aufgabenverständnis Schwierigkeiten bereitet, an die Tafel T geschrieben wird, damit auch leistungsschwächere Schülerinnen und Schüler möglichst ein kleines Erfolgserlebnis haben). Jeweils ein bis zwei dieser fünf Aufgaben werden aus vorangegangenen Übungseinheiten wiederholt und somit nochmals gefestigt. Bei den kurzen, meist alltagsnahen Textaufgaben stehen das genaue Zuhören und das Kopfrechnen im Vordergrund. Aus Zeitgründen kann hier auf einen Antwortsatz verzichtet werden.

Zu jeder Übungseinheit gibt es eine *Zusatzaufgabe für leistungsstärkere Schülerinnen und Schüler. Sie kann auch zu einem Zusatzpunkt als Ausgleich für eine andere, nicht gelöste Aufgabe verhelfen. In manchen Fällen dient sie als „Einführung" von Themen, die dann am nächsten Tag für alle folgen.

Je nach Leistungsstärke der Klasse kann das Aufgabenpensum auch reduziert werden, indem z. B. nur mit vier oder fünf Aufgaben täglich gearbeitet wird.

Die Auswertung der täglichen Übungseinheit sollte im Anschluss gemeinsam mündlich erfolgen. Nachdem die Übungshefte von zwei Kindern zur Benotung eingesammelt wurden, werden im Plenum (am besten von den Schülerinnen und Schülern) die Lösungen genannt und es wird gemeinsam korrigiert.

Die Schülerinnen und Schüler, deren Hefte eingesammelt wurden, bekommen ihrem Übungsbedarf entsprechende Aufgaben.

Die Bewertung könnte so aussehen:

Erreichbar: 5 Punkte + 1 Zusatzpunkt

5/6 Punkte	= 1	4 Punkte	= 2
3 Punkte	= 3	2 Punkte	= 4
1 Punkt	= 5	0 Punkte	= 6

Materialien: Benötigt werden für jedes Kind ein Heft, ein Lineal sowie ein roter und ein grüner Stift.

Gelbe Hinterlegung = Wiederholungsaufgaben aus vorangegangenen Übungseinheiten
Grüne Hinterlegung = leichte Aufgabe
Blaue Hinterlegung = Textaufgaben
* = Zusatzaufgabe mit höherem Schwierigkeitsgrad
T = Tafel

Auftaktübungen

Woche 1

Aufgabe	Lösung
1. Das Doppelte von 35 kg sind …	70 kg.
2. 6 · 4 =	24
3. 127 + 33 =	160
4. Wie viele Tage haben der Juli und der August zusammen?	31 + 31 = 62
5. T 25 – 10 =	15
* Verdopple die Summe aus 17 und 19.	17 + 19 = 36 36 + 36 = 72; 36 · 2 = 72

Aufgabe	Lösung
1. Verdopple die Summe aus 16 und 9.	16 + 9 = 25 25 + 25 = 50; 25 · 2 = 50
2. Der Eintritt ins Freibad kostet für T 5 Kinder 15 €. Wie viel kostet er für ein Kind?	15 € : 5 = 3 €
3. 47 + 37 =	84
4. 45 : 9 =	5
5. T 4 · 4 =	16
* Wann sind zwei Geraden zueinander parallel?	Wenn sie einander nicht schneiden und überall den gleichen Abstand zueinander haben.

Aufgabe	Lösung
1. Wann sind zwei Geraden zueinander parallel?	Wenn sie einander nicht schneiden und überall den gleichen Abstand zueinander haben.
2. 78 – 49 =	29
3. 7 Süßigkeitenräuber haben jeder nur noch 3 Zähne. Wie viele Zähne haben sie zusammen?	7 · 3 = 21

Aufgabe	Lösung
4. T 5 · 6 =	30
5. 21 + 22 + 23 =	66
* Summand + Summand =	Summe

Aufgabe	Lösung
1. Summand + Summand =	Summe
2. Bilde die Summe aus 39 und 21.	39 + 21 = 60
3. 5,50 m + 4,50 m =	10 m
4. T 12 : 2 =	6
5. Rechne um in Cent. 2 €	2 € = 200 ct
* Der Piratenkapitän bestellt eine neue Totenkopfflagge für sein Schiff. Sie ist 3 m breit und 2 m hoch. Welche Form hat sie?	Rechteck

Aufgabe	Lösung
1. Welche Form hat eine Postkarte?	Rechteck
2. Wie viel Minuten sind eine Stunde?	1 h = 60 min
3. 87 – 69 =	18
4. 6 · 9 =	54
5. T 30 : 3 =	10
* Faktor · Faktor =	Produkt

Woche 2

Aufgabe	Lösung
1. Faktor · Faktor =	Produkt
2. Bilde das Produkt aus 4 und 8.	4 · 8 = 32
3. 66 + 34 =	100
4. Die Hälfte von 88 ist …	… 44.
5. T 9 : 3 =	3
* Tim bringt 6 Pfandflaschen zurück. Für jede Flasche bekommt er 15 Cent. Wie viel Geld bekommt er insgesamt?	6 · 15 ct = 90 ct

Aufgabe	
1. Schreibe richtig auf. *die Malfolge*	
2. Bilde das Produkt aus 8 und 7.	8 · 7 = 56
3. 66 + 44 =	110
4. Wie viel Millimeter sind ein Zentimeter?	1 cm = 10 mm
5. T Schreibe die Malfolge der 2 auf.	2, 4, 6, 8, 10, 12, 14, 16, 18, 20
* Minuend – Subtrahend =	Differenz

Aufgabe	Lösung
1. Minuend – Subtrahend =	Differenz
2. Bilde die Differenz aus 240 und 120.	240 – 120 = 120
3. Schreibe die Malfolge der 3 auf.	3, 6, 9, 12, 15, 18, 21, 24, 27, 30
4. Richtig oder falsch? Spinnen haben 4 · 4 Beine.	4 · 4 = 16. Falsch. Spinnen haben 8 Beine.
5. T Das Doppelte von 50 ist …	… 100.
* 166 + 144 =	310

Aufgabe	Lösung
1. Schreibe richtig auf. *die Summe*	
2. Wie viel Millimeter sind ein Zentimeter?	1 cm = 10 mm
3. Schreibe die Malfolge der 4 auf.	4, 8, 12, 16, 20, 24, 28, 32, 36, 40
4. 81 : 9 =	9
5. T 3 · 10 =	30
* Dividend : Divisor =	Quotient

Aufgabe	Lösung
1. Dividend : Divisor =	Quotient
2. Verdopple 230.	230 + 230 = 460 230 · 2 = 460
3. Schreibe richtig auf. *die Malfolge*	
4. Welche geometrische Form hat eine Murmel?	Kugel

Aufgabe	Lösung
5. T 22 – 11=	11
* Schreibe richtig auf. *das Rechteck, das Quadrat*	

Woche 3

Aufgabe	Lösung
1. Schreibe richtig auf. *das Rechteck, das Quadrat*	
2. Wie viele Tage hat ein Jahr?	365
3. Schreibe die Malfolge der 5 auf.	5, 10, 15, 20, 25, 30, 35, 40, 45, 50
4. 83 + 37 =	120
5. T Nenne ein Märchen, in dem die Zahl 7 vorkommt.	z. B.: Der Wolf und die sieben Geißlein; Schneewittchen und die sieben Zwerge; Die sieben Raben; Das tapfere Schneiderlein; Die sieben Schwäne
* Schreibe richtig auf. *der Würfel, der Quader*	

Aufgabe	Lösung
1. Schreibe richtig auf. *der Würfel, der Quader*	
2. 110 – 75 =	35
3. 35 : 7 =	5
4. Schreibe die Malfolge der 6 auf.	6, 12, 18, 24, 30, 36, 42, 48, 54, 60
5. T Richtig oder falsch? 4 · 4 = 18	Falsch. 4 · 4 = 16
* Welcher Monat ist der kürzeste?	Februar

Aufgabe	Lösung
1. Wie viel Minuten sind eine Stunde?	1 h = 60 min
2. Schreibe richtig auf. *parallel*	
3. 54 : 9 =	6
4. Schreibe die Malfolge der 7 auf.	7, 14, 21, 28, 35, 42, 49, 56, 63, 70
5. T Richtig oder falsch? 95 > 59	Richtig.
* Der Bäcker beginnt um 3.00 Uhr morgens mit seiner Arbeit. Er arbeitet 8 Stunden. Wann kann er nach Hause gehen?	Er kann um 11.00 Uhr nach Hause gehen.

Aufgabe	Lösung
1. Wie viel Minuten sind eine halbe Stunde?	½ h = 30 min
2. Schreibe richtig auf. *parallel*	
3. Schreibe die Malfolge der 8 auf.	8, 16, 24, 32, 40, 48, 56, 64, 72, 80
4. Wie viel Meter sind ein Kilometer?	1 km = 1000 m
5. T Richtig oder falsch? Beim Subtrahieren rechne ich plus.	Falsch. Beim Subtrahieren rechne ich minus.
* Wie lange dauert eine Halbzeit im Fußballspiel?	45 min

Aufgabe	Lösung
1. Wie viel Meter sind ein Kilometer?	1 km = 1000 m
2. Ordne die Zahlen nach der Größe. Beginne mit der kleinsten. T 371, 713, 317, 731	317, 371, 713, 731
3. Schreibe 2 Zahlen auf, die durch 6 teilbar sind.	z. B.: 24, 36, 60, 600
4. Schreibe die Malfolge der 9 auf.	9, 18, 27, 36, 45, 54, 63, 72, 81, 90
5. T 3 · 20 =	60
* Der Zeuge beschreibt den Täter: „Der Mann war ungefähr 320 cm groß." Kann das stimmen?	Nein: Er wäre 3,20 m groß, das kann also nicht stimmen.

Woche 4

Aufgabe	Lösung
1. Auf dem Steckbrief steht: „Unser Wellensittich Arthur wiegt ungefähr 10 kg." Kann das stimmen?	Nein, das kann nicht stimmen.
2. Das Dreifache von 8 ist …	24.
3. Schreibe die Malfolge der 10 auf.	10, 20, 30, 40, 50, 60, 70, 80, 90, 100
4. T Wie viele Monate hat das Jahr?	12
5. Summand + Summand =	Summe
* Nenne ein Beispiel für einen geometrischen Körper.	z. B.: Würfel, Kugel, Quader, (Pyramide, Zylinder)

Aufgabe	Lösung
1. Nenne ein Beispiel für einen geometrischen Körper.	z. B.: Würfel, Kugel, Quader, (Pyramide, Zylinder)
2. Schreibe zwei Zahlen auf, die durch 5 und durch 10 teilbar sind.	z. B.: 10, 20, 30, 100, 500, 1000
3. Zu welchen Malfolgen gehört die 20?	Zur Malfolge der 2, der 4, der 5 und der 10.
4. Wie viel Meter sind ein Kilometer?	1 km = 1000 m
5. T Schreibe den Vorgänger und den Nachfolger auf. 370	369 370 371
* 8 Piraten erbeuten einen Schatz mit 56 Golddukaten. Sie wollen ihn gerecht unter sich aufteilen. Wie viele Golddukaten bekommt jeder?	56 : 8 = 7

Aufgabe	Lösung
1. 8 · 7 =	56
2. Berechne das Doppelte von 96.	96 · 2 = 192 96 + 96 = 192
3. 63 – 36 =	27
4. Wie viel Minuten sind eine halbe Stunde?	½ h = 30 min
5. T Schreibe den fünften Wochentag auf.	Freitag
* Schreibe richtig auf. *die Addition*	

Aufgabe	Lösung
1. Schreibe richtig auf. *die Addition*	
2. Halbiere 86.	86 : 2 = 43
3. 7 · 7 =	49
4. T Schreibe den vierten Monat auf.	April
5. Alle zwei Monate soll man seine Zahnbürste wechseln. Wie viele Zahnbürsten braucht man im Jahr?	12 : 2 = 6
* Wie viele Zahnbürsten brauchen die Kinder in unserer Klasse im Jahr?	Beispiel für 25 Kinder: 25 · 6 = 150

Aufgabe	Lösung
1. 15 · 5 =	75
2. Rechne um in Millimeter. 23 cm	23 cm = 230 mm
3. 100 : 4 =	25
4. Wie viele Tage hat ein Jahr?	365
5. T Richtig oder falsch? 1 h = 100 min	Falsch. 1 h = 60 min
* Schreibe richtig auf. *die Subtraktion*	

Woche 5

Aufgabe	Lösung
1. Schreibe richtig auf. *die Subtraktion*	
2. Wie viel Stunden hat ein Tag?	24
3. Verdopple die Differenz aus 27 und 19.	27 – 19 = 8 8 · 2 = 16; 8 + 8 = 16
4. Richtig oder falsch? Ein Quader ist ein geometrischer Körper.	Richtig.
5. T Wie viele Ecken hat ein Rechteck?	4
* Punktrechnung geht vor …	… Strichrechnung.

Aufgabe	Lösung
1. Punktrechnung geht vor …	… Strichrechnung.
2. Wie viel Stunden hat ein Tag?	24
3. Auf einer Weide stehen 28 Pferde. Wie viele Beine haben sie?	28 · 4 = 112

Aufgabe	Lösung
4. 6 · 4 + 26 =	(6 · 4) + 26 = 24 + 26 = 50
5. T Ordne die Buchstaben zu einem Wort. *meKoltier*	Kilometer
* Schreibe richtig auf. *die Multiplikation*	

Aufgabe	Lösung
1. Schreibe richtig auf. *die Multiplikation*	
2. Ergänze die richtige Einheit. *Das Brötchen kostet 30 ___.*	Das Brötchen kostet 30 ct.
3. 27 : 9 =	3
4. T 900 – ___ = 600	900 – 300 = 600
5. T Ergänze. 15 + ___ = 20	15 + 5 = 20
* Schreibe alle Monate auf, die 31 Tage haben.	Januar, März, Mai, Juli, August, Oktober, Dezember

Aufgabe	Lösung
1. Schreibe alle Monate auf, die 31 Tage haben.	Januar, März, Mai, Juli, August, Oktober, Dezember
2. 148 + 78 =	226
3. Richtig oder falsch? Wenn ich dividiere, teile ich eine Zahl durch eine andere.	Richtig.
4. Berechne das Vierfache von 125.	125 · 4 = 500
5. T 90 – 70 =	20
* Schreibe richtig auf. *die Division*	

Aufgabe	Lösung
1. Schreibe richtig auf. *die Division*	
2. 72 : 8 =	9
3. Ergänze die richtige Einheit. *In einer Tüte sind 1000 ___ Mehl.*	*In einer Tüte sind 1000 g Mehl.*
4. Wie viel ist ein Viertel von 1000 kg?	1000 kg : 4 = 250 kg

Aufgabe	Lösung
5. T Nenne die größte einstellige Zahl.	9
* Schreibe alle Monate auf, die 30 Tage haben.	April, Juni, September, November

Woche 6

Aufgabe	Lösung
1. Schreibe alle Monate auf, die 30 Tage haben.	April, Juni, September, November
2. Wie viele Monate sind ein Vierteljahr?	12 : 4 = 3
3. 63 : 7 =	9
4. 279 – 138 =	141
5. T Richtig oder falsch? 75 < 57	Falsch. 75 > 57
* Schreibe richtig auf. *addieren*	

Aufgabe	Lösung
1. Schreibe richtig auf. *addieren*	
2. In welchem Monat beginnt der Herbst?	Im September.
3. 250 – 170 =	80
4. Unterstreiche in Aufgabe 3 den Minuenden rot und den Subtrahenden grün.	250 – 170 = 80
5. T Ordne die Buchstaben zu einem Wort. *aQtraud*	Quadrat
* Nenne drei Beispiele für geometrische Figuren.	z. B.: Dreieck, Viereck, Sechseck, Kreis, Parallelogramm

Aufgabe	Lösung
1. Nenne zwei Beispiele für geometrische Figuren.	z. B.: Dreieck, Viereck, Sechseck, Kreis, Parallelogramm
2. Wie viele Monate dauert der Herbst?	3
3. Nenne die kleinste dreistellige Zahl.	100
4. 6 · 7 =	42

Aufgabe	Lösung
5. T Richtig oder falsch? 1 m = 100 cm	Richtig.
* Schreibe richtig auf. *subtrahieren*	

Aufgabe	Lösung
1. Schreibe richtig auf. *subtrahieren*	
2. T 8 · 4 =	32
3. 239 + 193 =	432
4. Nenne die größte dreistellige Zahl.	999
5. Welches Rechenzeichen verwenden wir beim Addieren?	+
* Wie viel Minuten vergehen zwischen 6:15 Uhr und 8:30 Uhr?	135 min

Aufgabe	Lösung
1. Wie viel Minuten vergehen zwischen 7:30 Uhr und 8:50 Uhr?	80 min
2. Wie viele Spinnen haben zusammen 56 Beine?	56 : 8 = 7
3. 9 · 9 =	81
4. Punktrechnung geht vor …	… Strichrechnung.
5. T Richtig oder falsch? Ein Würfel ist ein geometrischer Körper.	Richtig.
* 780 + 5 · 7 – 400 =	780 + (5 · 7) – 400 = 780 + 35 – 400 = 415

Woche 7

Aufgabe	Lösung
1. 22 + 3 · 6 – 15 =	22 + (3 · 6) – 15 = 22 + 18 – 15 = 25
2. Vergleiche und setze das richtige Zeichen. 797 ___ 979	797 < 979

Aufgabe	Lösung
3. 9 · 8 =	72
4. T Ordne die Buchstaben zu einem Wort. *armKolimg*	Kilogramm
5. Richtig oder falsch? 1 Jahr = 356 Tage	Falsch. 1 Jahr = 365 Tage
* Das urzeitliche Riesennashorn war 9 m lang. Wie viel Zentimeter sind das?	9 m = 900 cm

Aufgabe	Lösung
1. Wie viel Tage hat ein Jahr?	365
2. 6 · 7 =	42
3. Wie viel Gramm sind ein Kilogramm?	1 kg = 1000 g
4. Richtig oder falsch? Eine halbe Stunde sind 50 Minuten.	Falsch. ½ h = 30 min
5. Miss mit dem Lineal: Wie lang ist dein Daumen?	individuelle Lösung
* Schreibe richtig auf. *multiplizieren*	

Aufgabe	Lösung
1. Schreibe richtig auf. *multiplizieren*	
2. Was ist schwerer: eine Tüte Mehl oder ein Stück Butter?	eine Tüte Mehl
3. 987 – 352 =	635
4. T 21 : 3 =	7
5. Rechne um in Cent. 7,99 €	7,99 € = 799 ct
* Wie viel Meter sind ein halber Kilometer?	½ km = 500 m

Aufgabe	Lösung
1. Wie viel Meter sind ein halber Kilometer?	½ km = 500 m
2. Nenne ein Tier, das schwerer als 1000 g ist.	z. B.: Katze, Pferd, Hund, Kuh, Krokodil
3. 81 : 9 =	9
4. Schreibe alle ungeraden Zahlen zwischen 178 und 186 auf.	179, 181, 183, 185

Aufgabe	Lösung
5. T 7 · 5 =	35
* Nenne ein Beispiel für etwas, das ungefähr 1 m lang, breit, hoch oder dick ist.	z. B.: Heizkörper (hoch/breit), Plakat (hoch/breit), Tür (breit), Regal (breit), Tafelflügel (breit), ein großer Schritt

Aufgabe	Lösung
1. Schreibe richtig auf. *subtrahieren*	
2. Eine Tafel Schokolade wiegt 100 g. Wie viele Tafeln sind 1 kg?	10 Tafeln
3. Richtig oder falsch? Ein halber Kilometer sind 500 Meter.	Richtig.
4. 27 : 3 =	9
5. T Halbiere 60.	60 : 2 = 30
* Vervollständige den Satz. T Ein Würfel hat ___ Ecken, ______ Flächen und ______ Kanten.	Ein Würfel hat 8 Ecken, 6 Flächen und 12 Kanten.

Woche 8

Aufgabe	Lösung
1. Vervollständige den Satz. T Ein Würfel hat ___ Ecken, ______ Flächen und ______ Kanten.	Ein Würfel hat 8 Ecken, 6 Flächen und 12 Kanten.
2. 1 kg – 730 g =	270 g
3. 7 · 8 =	56
4. T Nenne ein Tier, das kleiner als 1 cm ist.	z. B.: Floh, Zecke, Mücke, kleine Spinne
5. 46 + 17 =	63
* Vervollständige die Sätze. T *Ein Quadrat ist eine ___________.* *Ein Quader ist ein ___________.*	Ein Quadrat ist eine (geometrische) Figur/Fläche. Ein Quader ist ein (geometrischer) Körper.

Aufgabe	Lösung
1. Vervollständige die Sätze. T *Ein Quadrat ist eine* ___________ . *Ein Quader ist ein* ___________.	Ein Quadrat ist eine (geometrische) Figur/ Fläche. Ein Quader ist ein (geometrischer) Körper.
2. 470 g + 280 g =	750 g
3. 92 – 57 =	35
4. Schreibe alle ungeraden Zahlen zwischen 846 und 852 auf.	847, 849, 851
5. T Welche Zahl ist nicht durch 3 teilbar? 6, 12, 19	19
* Schreibe richtig auf. *der Quotient*	

Aufgabe	Lösung
1. Schreibe richtig auf. *der Quotient*	
2. T 590 g + ______ = 1 kg	590 g + 410 g = 1 kg
3. 72 : 9 =	8
4. Verdreifache 19.	3 · 19 = 57
5. T Ordne die Buchstaben zu einem Wort. *kdeeSun*	Sekunde
* Ergänze. T _____________ + _____________ = Summe	Summand + Summand = Summe

Aufgabe	Lösung
1. Ergänze. T _____________ + _____________ = Summe	Summand + Summand = Summe
2. 62 – 43 =	19
3. Welche Zahl gehört nicht zur Malfolge der 7? 28, 36, 49	36
4. Verdreifache 25.	25 · 3 = 75
5. T Schreibe den Vorgänger und den Nachfolger auf. 77	76 77 78
* Ergänze. T *Minuend – Subtrahend =* _____________	Minuend – Subtrahend = Differenz

Aufgabe	Lösung
1. Ergänze. T *Minuend – Subtrahend =* ____________	Minuend – Subtrahend = Differenz
2. Welche Zahl gehört nicht zur Malfolge der 8? 26, 40, 64	26
3. 6 · 9 =	54
4. 125 : 5 =	25
5. T Welche Zahlen liegen zwischen 127 und 132?	128, 129, 130, 131
* Ergänze. T *Faktor · Faktor =* ____________	Faktor · Faktor = Produkt

Woche 9

Aufgabe	Lösung
1. Ergänze. T *Faktor · Faktor =* ____________	Faktor · Faktor = Produkt
2. 5 · 9 =	45
3. 72 : 8 =	9
4. T Unterstreiche den Minuenden rot und den Subtrahenden grün. Rechne aus. 135 – 75 =	135 – 75 = 60
5. T Wie viel Stunden hat ein Tag?	24
* Ergänze. T Dividend : Divisor = ____________	Dividend : Divisor = Quotient

Aufgabe	Lösung
1. Ergänze. T Dividend : Divisor = ____________	Dividend : Divisor = Quotient
2. Ergänze. T 1 h = ____ min	1 h = 60 min
3. Rechne um in Stunden. 240 min	240 min = 4 h
4. 4 · 16 =	64
5. T Berechne das Doppelte von 19.	19 · 2 = 38 19 + 19 = 38

Aufgabe	Lösung
* Welcher Körper hat nur eine Fläche?	Die Kugel.

Aufgabe	Lösung
1. Welcher Körper hat nur eine Fläche?	Die Kugel.
2. Rechne um in Minuten. 6 h	6 h = 360 min
3. 6 · 70 =	420
4. Berechne das Dreifache von 90.	90 · 3 = 270
5. T Ein Regenwurm hat 10 Herzen. Wie viele Herzen haben 9 Regenwürmer?	9 · 10 = 90
* Richtig oder falsch? Ein Würfel hat 12 Ecken.	Falsch. Ein Würfel hat 8 Ecken.

Aufgabe	Lösung
1. Wie viele Ecken hat ein Würfel?	8
2. Bilde das Produkt aus 15 und 4.	15 · 4 = 60
3. Welche Form hat ein Handtuch?	Rechteck
4. Wie viele Spinnen haben zusammen 72 Beine?	72 : 8 = 9
5. T 6 · 5 =	30
* Welche zwei Körper haben 12 Kanten?	Würfel und Quader

Aufgabe	Lösung
1. Welche zwei Körper haben 12 Kanten?	Würfel und Quader
2. Welcher Körper hat keine Ecken und Kanten?	Die Kugel.
3. Bilde die Differenz aus 678 und 542.	678 – 542 = 136
4. 64 : 8 =	8
5. T Verdopple 22.	22 · 2 = 44 22 + 22 = 44
* Schreibe richtig auf. *die Zeit*	

Woche 10

Aufgabe	Lösung
1. Schreibe richtig auf. *die Zeit*	
2. 9 · 7 =	63

Aufgabe	Lösung
3. Berechne die Hälfte von 980.	980 : 2 = 490
4. 339 · 2 =	678
5. T 200 : 4 =	50
* Ergänze. T ____________ *geht vor* ____________.	Punktrechnung geht vor Strichrechnung.

Aufgabe	Lösung
1. Ergänze. T ____________ *geht vor* ____________.	Punktrechnung geht vor Strichrechnung.
2. Unterstreiche den Zehner. 874	8<u>7</u>4
3. 998 – 567 =	431
4. Rechne um in Euro. 266 ct	266 ct = 2,66 €
5. T 8 · 10 =	80
* Ordne die Wörter nach dem Alphabet. T *Division, Dividend, Divisor*	Dividend, Division, Divisor

Aufgabe	Lösung
1. Schreibe richtig auf. *Division, Dividend, Divisor*	
2. T 7 · 5 =	35
3. Rechne um in Cent. 4,78 €	4,78 € = 478 ct
4. Wie viel Sekunden sind eine Minute?	1 min = 60 s
5. Welches Rechenzeichen verwenden wir beim Subtrahieren?	–
* Eine Strecke hat einen Anfangspunkt und einen …	… Endpunkt.

Aufgabe	Lösung
1. Eine Strecke hat einen Anfangspunkt und einen …	… Endpunkt.
2. 1000 : 10 =	100
3. Rechne um in Sekunden. 8 min	8 · 60 s = 480 s
4. Welches Datum passt zu einem Sommergewitter? T a) 10.7. b) 7.10.	a) 10.7.
5. T 8 · 3 =	24
* Summanden kann man …	… vertauschen.

Aufgabe	Lösung
1. Summanden kann man …	… vertauschen.
2. Rechne um in Stunden. 420 min	420 min = 7 h
3. Wie viel Zentimeter sind ein Meter?	1 m = 100 cm
4. 186 + 343 =	529
5. **T** Welche Zeiger gibt es an einer Uhr?	Stundenzeiger, Minutenzeiger, Sekundenzeiger
* Faktoren kann man …	… vertauschen.

Woche 11

Aufgabe	Lösung
1. Faktoren kann man …	… vertauschen.
2. Bei welcher Grundrechenart verwenden wir das Minuszeichen?	Bei der Subtraktion.
3. 433 + 567 =	1000
4. 64 : 8 =	8
5. **T** Ergänze die richtige Einheit. 4 cm = 40 ___	4 cm = 40 mm
* Schreibe richtig auf. *das Einmaleins*	

Aufgabe	Lösung
1. Schreibe richtig auf. *das Einmaleins*	
2. Bei welcher Grundrechenart verwenden wir das Pluszeichen?	Bei der Addition.
3. Wie viel Zentimeter sind ein Meter?	1 m = 100 cm
4. 28 : 4 =	7
5. **T** Richtig oder falsch? 1 h = 60 s	Falsch. 1 h = 60 min; 1 h = 3600 s
* Schreibe richtig auf. *der Zentimeter*	

Aufgabe	Lösung
1. Schreibe richtig auf. *der Zentimeter*	
2. Bei welcher Grundrechenart verwenden wir das Malzeichen?	Bei der Multiplikation.
3. 80 : 4 =	20
4. Verdopple die Summe aus 33 und 44.	33 + 44 = 77 77 · 2 = 154; 77 + 77 = 154
5. T 6 · 4 =	24
* Schreibe richtig auf. *der Millimeter*	

Aufgabe	Lösung
1. Schreibe richtig auf. *der Millimeter*	
2. Bei welcher Grundrechenart verwenden wir das Geteilt-durch-Zeichen (Doppelpunkt)?	Bei der Division.
3. Punktrechnung geht vor …	… Strichrechnung.
4. 24 + 8 · 6 =	24 + (8 · 6) = 24 + 48 = 72
5. T Halbiere 50.	50 : 2 = 25
* Schreibe richtig auf. *der Euro*	

Aufgabe	Lösung
1. Schreibe richtig auf. *der Euro*	
2. Verdreifache 111.	111 · 3 = 333
3. 49 + 42 : 7 =	49 + (42 : 7) = 49 + 6 = 55
4. Wie viele Wochen hat ein Jahr?	52
5. T Wie viele Ohren haben 9 Mäuse zusammen?	9 · 2 = 18
* Welche Rechenarten gehören zu den Strichrechnungen?	Addition und Subtraktion

Woche 12

Aufgabe	Lösung
1. Welche Rechenarten gehören zu den Strichrechnungen?	Addition und Subtraktion
2. Wie viel Gramm sind ein Kilogramm?	1 kg = 1000 g
3. 40 : 8 =	5
4. Der Durchmesser des Lebkuchens beträgt 12 cm. Berechne den Radius in Millimeter.	12 cm : 2 = 6 cm 6 cm = 60 mm
5. T Richtig oder falsch? 79 < 97	Richtig.
* Schreibe richtig auf. *der Cent*	

Aufgabe	Lösung
1. Schreibe richtig auf. *der Cent*	
2. Wie viele Wochen hat ein Jahr?	52
3. Welche Zahl gehört nicht zur Malfolge der 8? T 24, 38, 48, 64	38
4. 343 – 232 =	111
5. T 10 : 5 =	2
* Welche Rechenarten gehören zu den Punktrechnungen?	Multiplikation und Division

Aufgabe	Lösung
1. Welche Rechenarten gehören zu den Punktrechnungen?	Multiplikation und Division
2. Welche Zahl ist nicht durch 3 teilbar? T 18, 26, 600	26
3. Wie viele Wochen sind 56 Tage?	56 : 7 = 8
4. 25 · 8 =	200
5. T 6 · 6 =	36
* Welche Temperatur passt zum Dezember? a) 2 °C b) 33 °C c) 24 °C	a) 2 °C

Aufgabe	Lösung
1. Wie viele Tage hat der Dezember?	31
2. 363 + 512 =	875

Aufgabe	Lösung
3. 4 · 9 =	36
4. Subtrahiere 97 von 263.	263 – 97 = 166
5. T 60 : 3 =	20
* T Ergänze das Rechenzeichen. Summand ____ Summand = Summe	Summand + Summand = Summe

Aufgabe	Lösung
1. Welches Rechenzeichen verwenden wir beim Addieren?	+
2. In welchem Monat beginnt der Winter?	Im Dezember.
3. 699 – 217 =	482
4. 33 · 3 =	99
5. T Ordne die Buchstaben zu einem Wort. *anmdSum*	Summand
* Ergänze. T *Minuend* – ____________ = *Differenz*	Minuend – Subtrahend = Differenz

Woche 13

Aufgabe	Lösung
1. Ergänze. T *Minuend* – ____________ = *Differenz*	Minuend – Subtrahend = Differenz
2. Der Weihnachtsbaum von Familie Fischer ist 1,60 m groß. Rechne um in Zentimeter.	1,60 m = 160 cm
3. 55 · 4 =	220
4. 63 : 7 =	9
5. T Ergänze. 7 · ____ = 70	7 · 10 = 70
* ____________ · ____________ = Produkt	Faktor · Faktor = Produkt

Aufgabe	Lösung
1. T ____________ · ____________ = Produkt	Faktor · Faktor = Produkt
2. 60 : 5 =	12
3. Das Porto für eine Postkarte beträgt T 70 Cent. Rechne um in Euro.	70 ct = 0,70 €

Aufgabe	Lösung
4. Was kostet das Porto für 5 Weihnachtskarten?	5 · 0,70 € = 3,50 €
5. T 24 : 6 =	4
* Der Weihnachtsmann hat Bauchschmerzen. Er hat T 10 Marzipanbrote gegessen. Jedes wog T 250 g. Wie viel Kilogramm Marzipan hat er verspeist?	10 · 250 g = 2500 g 2500 g = 2,5 kg

Aufgabe	Lösung
1. Wann sind zwei Geraden zueinander parallel?	Wenn sie einander nicht schneiden und überall den gleichen Abstand zueinander haben.
2. Von 2.00 Uhr bis 11.00 Uhr hat es geschneit. Wie viel Stunden waren das?	9 h
3. Wann ist Heiligabend? Schreibe das Datum auf.	24. Dezember / 24.12.(202__)
4. Der Durchmesser beträgt 76 cm. Berechne den Radius.	76 cm : 2 = 38 cm
5. T Verdopple 350.	350 · 2 =700 350 + 350 = 700
* Wie viele Jahre sind 730 Tage?	2 Jahre

Aufgabe	Lösung
1. Wie viel Stunden sind 4 Tage?	24 h · 4 = 96 h
2. Schreibe das Datum des 1. und des 2. Weihnachtstages auf.	25. Dezember / 25.12.(202__) 26. Dezember / 26.12.(202__)
3. Wie viel Meter sind ein Kilometer?	1 km = 1000 m
4. Der Weihnachtsmarkt hat von 14.00 Uhr bis 22.00 Uhr geöffnet. Wie viel Stunden sind das?	8 h
5. T Halbiere 240.	240 : 2 = 120
* Ergänze. T Dividend : ______________ = ______________	Dividend : Divisor = Quotient

Aufgabe	Lösung
1. Ergänze. Dividend : Divisor = ____________	Quotient
2. Die Weihnachtstorte hat einen Radius von 14 Zentimetern. Berechne den Durchmesser.	14 cm · 2 = 28 cm
3. Wie viel Minuten sind eine Viertelstunde?	15 min
4. Berechne das Dreifache von 333.	3 · 333 = 999
5. T 120 : 4 =	30
* Vor 75 Minuten war es 10:30 Uhr. Wie spät ist es jetzt?	11:45 Uhr

Woche 14

Aufgabe	Lösung
1. Schreibe richtig auf. *die Malfolge*	
2. 44 : 11 =	4
3. Wann ist Silvester?	Am 31. Dezember.
4. 13 · 7 =	91
5. T 100 : 4 =	25
* Seit Mitternacht sind 420 Minuten vergangen. Wie spät ist es?	7.00 Uhr

Aufgabe	Lösung
1. Rechne um in Stunden. 660 min	660 min = 11 h
2. Es hat drei Tage und drei Nächte geschneit. Wie viel Stunden waren das?	3 · 24 h = 72 h
3. 87 : 3 =	29
4. 9 · 11 =	99
5. T 5 · 8 =	40
* Schreibe die römischen Zahlen eins bis fünf auf.	I, II, III, IV, V

Aufgabe	Lösung
1. Schreibe die römischen Zahlen eins bis fünf auf.	I, II, III, IV, V
2. 666 – 94 =	572
3. Wie viel Minuten sind eine Dreiviertelstunde?	¾ h = 45 min
4. 824 : 2 =	412
5. T Schreibe die Malfolge der 2 auf.	2, 4, 6, 8, 10, 12, 14, 16, 18, 20
* 587 + 234 – 128	693

Aufgabe	Lösung
1. 260 + 180 – 55 =	385
2.Welches Rechenzeichen verwenden wir beim Subtrahieren?	–
3. Schreibe die Malfolge der 3 auf.	3, 6, 9, 12, 15, 18, 21, 24, 27, 30
4. 7 · 80 =	560
5. T Richtig oder falsch? 1000 g = 1 kg	Richtig.
* Schreibe die römischen Zahlen sechs bis zehn auf.	VI, VII, VIII, IX, X

Aufgabe	Lösung
1. Schreibe die römischen Zahlen sechs bis zehn auf.	VI, VII, VIII, IX, X
2. Schreibe die Malfolge der 4 auf.	4, 8, 12, 16, 20, 24, 28, 32, 36, 40
3. 48 : 8 =	6
4. 832 – 587 =	245
5. T Richtig oder falsch? 1 € = 1000 ct	Falsch. 1 € = 100 ct
* Schreibe den Vorgänger und den Nachfolger auf. 1000	999 1000 1001

Woche 15

Aufgabe	Lösung
1. Schreibe den Vorgänger und den Nachfolger auf. 100	99 100 101
2. Unterstreiche den Hunderter rot und den Zehner grün. 1250	1250
3. Schreibe die Malfolge der 5 auf.	5, 10, 15, 20, 25, 30, 35, 40, 45, 50
4. 56 : 7 =	8
5. T 5 · 50 =	250
* Ordne die Zahlen nach der Größe. Beginne mit der größten. 1901, 1019, 1190	1901, 1190, 1019

Aufgabe	Lösung
1. Ordne die Zahlen nach der Größe. Beginne mit der größten. 1011, 1001, 1100	1100, 1011, 1001
2. 54 : 9 =	6
3. Schreibe die Malfolge der 6 auf.	6, 12, 18, 24, 30, 36, 42, 48, 54, 60
4. T 4 · 4 =	16
5. +, −, · und : sind …	… Rechenzeichen.
* Wandle um in Zentimeter. 1880 mm	1880 mm = 188 cm

Aufgabe	Lösung
1. Wandle um in Zentimeter. 180 mm	180 mm = 18 cm
2. Schreibe mit Komma. T 12 kg 75 g	12 kg 75 g = 12,75 kg
3. T 6,49 m + 7,56 m =	14,05 m
4. Schreibe die Malfolge der 7 auf.	7, 14, 21, 28, 35, 42, 49, 56, 63, 70

Aufgabe	Lösung
5. T Schreibe alle Hunderterzahlen auf, die zwischen 200 und 700 liegen.	300, 400, 500, 600
* Vergleiche und setze das richtige Zeichen. T 157 cm ____ 1,75 m	157 cm = 1,57 m 157 cm < 1,75 m

Aufgabe	Lösung
1. Vergleiche und setze das richtige Zeichen. T 566 ct ____ 6,55 €	566 ct = 5,66 € 566 ct < 6,55 €
2. 6 · 9 + 5 · 7 =	(6 · 9) + (5 · 7) = 54 + 35 = 89
3. Schreibe die Malfolge der 8 auf.	8, 16, 24, 32, 40, 48, 56, 64, 72, 80
4. Schreibe mit Komma. T 15 m 45 cm	15 m 45 cm = 15,45 m
5. T 21 : 7 =	3
* Für die Faschingsfeier kaufen die Kinder beim Bäcker 20 Berliner Pfannkuchen. Ein Pfannkuchen kostet 1,95 €. Wie viel müssen sie bezahlen?	1,95 € · 20 = 39 €

Aufgabe	Lösung
1. Zu welchen Malfolgen gehört die 30?	Zur Malfolge der 3, der 6, der 5 und der 10.
2. 1000 + 830 =	1830
3. Schreibe die Malfolge der 9 auf.	9, 18, 27, 36, 45, 54, 63, 72, 81, 90
4. Schreibe mit Komma. T 38 € 95 ct	38 € 95 ct = 38,95 €
5. T 150 : 3 =	50
* Bilde den Quotienten aus 9000 und 9.	9000 : 9 = 1000

Woche 16

Aufgabe	Lösung
1. Bilde den Quotienten aus 45 und 9.	45 : 9 = 5
2. In welchem Monat endet der Winter?	Im März.
3. Schreibe die Malfolge der 10 auf.	10, 20, 30, 40, 50, 60, 70, 80, 90, 100
4. 7 · 6 =	42
5. T Ergänze. 5 · ____ = 40	5 · 8 = 40
* Dornröschen schläft 100 Jahre. Wie viele Wochen sind das?	52 · 100 = 5200

Aufgabe	Lösung
1. Wie viele Wochen hat ein Jahr?	52
2. 999 – 777 =	222
3. Bilde den Quotienten aus 28 und 4.	28 : 4 = 7
4. Vergleiche und setze das richtige Zeichen. T 175 cm ____ 15,7 m	175 cm = 1,75 m 175 cm < 15,7 m
5. T Halbiere 800.	800 : 2 = 400
* Schreibe richtig auf. *die Gerade*	

Aufgabe	Lösung
1. Schreibe richtig auf. *die Gerade*	
2. Bilde das Produkt aus 6 und 9.	6 · 9 = 54
3. 2800 – 1300 =	1500
4. T 12 · 0 =	0
5. 4500 : 90 =	50
* Schreibe die Zahlen 1 bis 5 als Wörter. T *eins, …*	eins, zwei, drei, vier, fünf

Aufgabe	Lösung
1. Schreibe die Zahlen 1 bis 5 als Wörter.	eins, zwei, drei, vier, fünf
2. Bilde die Differenz aus 187 und 69.	187 – 69 = 118

Aufgabe	Lösung
3. Richtig oder falsch? Eine Dreiviertelstunde sind 75 Minuten.	Falsch. Eine Dreiviertelstunde sind 45 Minuten.
4. 30 • 30 =	900
5. T Ergänze. 50 mm = ____ cm	50 mm = 5 cm
* Schreibe richtig auf. *der Dezimeter*	

Aufgabe	Lösung
1. Schreibe richtig auf. *der Dezimeter*	
2. Wie viele Wochen sind ein halbes Jahr?	26 Wochen
3. Wie kannst du noch dazu sagen? *Es ist 6.30 Uhr.*	Es ist halb 7.
4. 80 • 40 =	3200
5. T Halbiere 120.	120 : 2 = 60
* Schreibe die Zahlen 6 bis 10 als Wörter.	sechs, sieben, acht, neun, zehn

Woche 17

Aufgabe	Lösung
1. Schreibe die Zahlen 6 bis 10 als Wörter.	sechs, sieben, acht, neun, zehn
2. Welche Zahl ist nicht durch 7 teilbar? 21, 51, 63	51
3. Berechne das Dreifache von 1250.	1250 • 3 = 3750
4. Rechne um in Meter. 0,7 km	0,7 km = 700 m
5. T Verdreifache 100.	100 • 3 = 300
* Schreibe die römischen Zahlen elf und zwölf auf.	XI, XII

Aufgabe	Lösung
1. Schreibe die römischen Zahlen elf und zwölf auf.	XI, XII
2. Bilde den Quotienten aus 72 und 8.	72 : 8 = 9
3. Unterstreiche in Aufgabe 2 den Divisor.	72 : <u>8</u> = 9
4. 87 : 3 =	29
5. T 29 – 19 =	10
* Schreibe richtig auf. *die Strecke*	

Aufgabe	Lösung
1. Schreibe richtig auf. *die Strecke*	
2. Nenne die größte vierstellige Zahl.	9999
3. Berechne das Sechsfache von 80.	80 · 6 = 480
4. 160 : 40 =	4
5. T 18 : 3 =	6
* Schreibe die Zahl als Wort. 100	einhundert

Aufgabe	Lösung
1. Schreibe die Zahl als Wort. 100	einhundert
2. 64 : 4 =	16
3. 4566 + 1322 =	5888
4. Ergänze. ____ · 70 = 350	5 · 70 = 350
5. T Berechne das Vierfache von 100.	100 · 4 = 400
* Schreibe die Zahl als Wort. 1000	eintausend

Aufgabe	Lösung
1. Schreibe die Zahl als Wort. 1000	eintausend
2. 593 – 249 =	344
3. Bilde das Produkt aus 22 und 5.	22 · 5 = 110

Aufgabe	Lösung
4. Ordne die Zahlen der Größe nach. Beginne mit der kleinsten. T 1414, 1014, 1441	1014, 1414, 1441
5. T Vergleiche und setze das richtige Zeichen. 197 ____ 179	197 > 179
* Schreibe richtig auf. *die Stunde*	

Woche 18

Aufgabe	Lösung
1. Schreibe richtig auf. *die Stunde*	
2. Welche Zahl gehört nicht zur Malfolge der 9? 27, 45, 59	59
3. 70 : 7 =	10
4. Ergänze die richtige Einheit. T 15 cm = 150 ____	15 cm = 150 mm
5. T 9 · 0 =	0
* Schreibe richtig auf. *die Minute*	

Aufgabe	Lösung
1. Schreibe richtig auf. *die Minute*	
2. 363 + 636 =	999
3. 12 : 12 =	1
4. 8 · 8 =	64
5. T Verdopple 400.	400 · 2 = 800 400 + 400 = 800
* Schreibe richtig auf. *die Sekunde*	

Aufgabe	Lösung
1. Schreibe richtig auf. *die Sekunde*	
2. Welches Datum passt zum Winter? T a) 8.2. b) 2.8.	a) 8.2.
3. Rechne um in Meter. 1000 cm	1000 cm = 10 m
4. 578 – 233 =	345
5. T Ordne die Buchstaben zu einem Wort. *ikeZrl*	Zirkel
* Vervollständige den Satz. T *Ein Würfel hat ____ Ecken, ____ Flächen und ____ Kanten.*	Ein Würfel hat 8 Ecken, 6 Flächen und 12 Kanten.

Aufgabe	Lösung
1. Vervollständige den Satz. T *Ein Würfel hat ____ Ecken, ____ Flächen und ____ Kanten.*	Ein Würfel hat 8 Ecken, 6 Flächen und 12 Kanten.
2. 12 · 5 =	60
3. Richtig oder falsch? Würfel und Quader sind geometrische Figuren.	Falsch. Würfel und Quader sind geometrische Körper.
4. 198 : 3	66
5. T Die Hälfte von 30 € sind …	… 15 €.
* Vervollständige den Satz. T *Ein Quader hat ____ Ecken, ____ Flächen und ____ Kanten.*	Ein Quader hat 8 Ecken, 6 Flächen und 12 Kanten.

Aufgabe	Lösung
1. Vervollständige den Satz. T *Ein Quader hat ____ Ecken, ____ Flächen und ____ Kanten.*	Ein Quader hat 8 Ecken, 6 Flächen und 12 Kanten.
2. 5 · 18 =	90
3. Nenne 2 Dinge, die die Form einer Kugel haben.	z. B.: Schneeball, Teile eines Schneemanns, Eiskugel, Ball, Murmel, Kloß, Weihnachtskugel

Aufgabe	Lösung
4. 90 : 6 =	15
5. T Ordne die Buchstaben zu einem Wort. *eQraud*	Quader
* Vervollständige die Sätze. T *Ein Quadrat ist eine* ____________. *Ein Quader ist ein* ____________.	Ein Quadrat ist eine (geometrische) Figur. Ein Quader ist ein (geometrischer) Körper.

Woche 19

Aufgabe	Lösung
1. Vervollständige die Sätze. T *Ein Quadrat ist eine* ____________. *Ein Quader ist ein* ____________.	Ein Quadrat ist eine (geometrische) Figur. Ein Quader ist ein (geometrischer) Körper.
2. Berechne das Fünffache von 45.	45 · 5 = 225
3. Vergleiche und setze das richtige Zeichen. T 430 ct ____ 43 €	430 ct = 4,30 € 430 ct < 43 €
4. T 22,85 m + 17,35 m =	40,20 m
5. T Welche Zahlen liegen zwischen 324 und 330?	325, 326, 327, 328, 329
* Schreibe richtig auf. *plus*	

Aufgabe	Lösung
1. Schreibe richtig auf. *plus*	
2. Welcher Körper hat keine Ecken und Kanten?	Die Kugel.
3. Rechne um in Cent. 34,75 €	34,75 € = 3475 ct
4. Vergleiche und setze das richtige Zeichen. T 680 mm ____ 6,9 cm	680 mm = 68 cm 68 cm > 6,9 cm
5. T 600 + 14 =	614
* Schreibe richtig auf. *minus*	

Aufgabe	Lösung
1. Schreibe richtig auf. *minus*	
2. Bilde die Differenz aus 980 und 890.	980 – 890 = 90
3. Welche Zahl gehört nicht zur Malfolge der 4? 16, 28, 34	34
4. Wie viel fehlt zu einem Euro? 68 ct	32 ct
5. **T** Ordne die Buchstaben zu einem Wort. *cheRetck*	Rechteck
* Richtig oder falsch? Jedes Quadrat ist ein Rechteck.	Richtig.

Aufgabe	Lösung
1. Richtig oder falsch? Jedes Quadrat ist ein Rechteck.	Richtig.
2. 445 € – 65 € =	380 €
3. Schreibe richtig auf. *das Einmaleins*	
4. 100 : 10 =	10
5. **T** 40 : 4 =	10
* Richtig oder falsch? Jedes Rechteck ist auch ein Quadrat.	Falsch.

Aufgabe	Lösung
1. Richtig oder falsch? Jedes Rechteck ist auch ein Quadrat.	Falsch.
2. 1000 : 10 =	100
3. 211 · 0 =	0
4. Rechne in Stunden um. 540 min	540 min = 9 h
5. **T** Halbiere 80.	80 : 2 = 40
* Schreibe richtig auf. *der Durchmesser*	

Woche 20

Aufgabe	Lösung
1. Schreibe richtig auf. *der Durchmesser*	
2. 17 · 7 =	119
3. Rechne in Sekunden um. 8 min	8 min = 480 s
4. 60 · 40 =	2400
5. T Ordne die Buchstaben zu einem Wort. *sKire*	Kreis
* Schreibe richtig auf. *der Radius*	

Aufgabe	Lösung
1. Schreibe richtig auf. *der Radius*	
2. Rechne um in Minuten. ¾ h	¾ h = 45 min
3. 220 : 5=	44
4. 467 – 229 =	238
5. T 24 : 6 =	4
* Schreibe richtig auf. *der Mittelpunkt*	

Aufgabe	Lösung
1. Schreibe richtig auf. *der Mittelpunkt*	
2. Rechne um in Gramm. ¼ kg	¼ kg = 250 g
3. 839 – 312 =	527
4. Unterstreiche in Aufgabe 3 den Subtrahenden.	839 – <u>312</u> = 527
5. T 6 · 6 =	36
* Rechne um in Sekunden. 30 min	30 min = 1800 s

Aufgabe	Lösung
1. Rechne um in Sekunden. 8 min	8 min = 480 s
2. Punktrechnung geht vor …	… Strichrechnung.
3. 25 + 5 · 5 =	25 + (5 · 5) = 25 + 25 = 50
4. 48 – 3 · 6 =	48 – (3 · 6) = 48 – 18 = 30
5. T 7 · 30 =	210
* 810 : 9 – 490 : 7 =	(810 : 9) – (490 : 7) = 90 – 70 = 20

Aufgabe	Lösung
1. 280 : 7 – 150 : 5 =	(280 : 7) – (150 : 5) = 40 – 30 = 10
2. Nenne zwei Beispiele für geometrische Figuren.	z. B.: Dreieck, Viereck, Sechseck, Kreis, Parallelogramm
3. 670 cm : 10 =	67 cm
4. 21 · 6 =	126
5. T 60 : 6 =	10
* Schreibe die Zahlen 11 bis 15 als Wörter.	elf, zwölf, dreizehn, vierzehn, fünfzehn

Woche 21

Aufgabe	Lösung
1. Schreibe die Zahlen 11 bis 15 als Wörter.	elf, zwölf, dreizehn, vierzehn, fünfzehn
2. Nenne zwei Beispiele für geometrische Körper.	z. B.: Würfel, Kugel, Quader, Pyramide, Zylinder
3. Welche Zahl gehört nicht zur Malfolge der 9? 19, 36, 54	19
4. 33 : 3 =	11

Aufgabe	Lösung
5. T Schreibe die Malfolge der 2 auf.	2, 4, 6, 8, 10, 12, 14, 16, 18, 20
* Schreibe die Zahlen 16 bis 20 als Wörter.	sechzehn, siebzehn, achtzehn, neunzehn, zwanzig

Aufgabe	Lösung
1. Schreibe die Zahlen 16 bis 20 als Wörter.	sechzehn, siebzehn, achtzehn, neunzehn, zwanzig
2. In welchem Monat beginnt der Frühling?	Im März.
3. Berechne das Vierfache von 19.	19 · 4 = 76
4. 892 – 369 =	523
5. T Ergänze. 3 cm = ____ mm	Ergänze. 3 cm = 30 mm
* Schreibe die Zahlen als Wörter. 30, 40	dreißig, vierzig

Aufgabe	Lösung
1. Schreibe die Zahlen als Wörter. 30, 40	dreißig, vierzig
2. 1678 + 1019 =	2697
3. 56 : 8 =	7
4. 150 · 6 =	900
5. T Berechne das Dreifache von 6.	3 · 6 = 18
* Schreibe die Zahlen als Wörter. 50, 60	fünfzig, sechzig

Aufgabe	Lösung
1. Schreibe die Zahlen als Wörter. 50, 60	fünfzig, sechzig
2. 3,69 € + 5,23 € =	8,92 €
3. Schreibe die Malfolge der 3 auf.	3, 6, 9, 12, 15, 18, 21, 24, 27, 30
4. Wie viel Gramm sind 1 Pfund?	1 Pfund = 500 g
5. T 16 : 4 =	4

Aufgabe	Lösung
* Schreibe die Zahlen als Wörter. 70, 80	siebzig, achtzig

Aufgabe	Lösung
1. Schreibe die Zahlen als Wörter. 70, 80	siebzig, achtzig
2. 27,23 m + 17,45 m =	44,68 m
3. Wie viel Gramm sind 1 Pfund?	1 Pfund = 500 g
4. 72 : 9 =	8
5. T 120 m – 90 m =	30 m
* Schreibe die Zahlen als Wörter. 90, 100	neunzig, einhundert

Woche 22

Aufgabe	Lösung
1. Schreibe die Zahlen als Wörter. 90, 100	neunzig, einhundert
2. 7 · 18 =	126
3. 1000 – 728 =	272
4. Schreibe die Malfolge der 4 auf.	4, 8, 12, 16, 20, 24, 28, 32, 36, 40
5. T Halbiere 24.	24 : 2 = 12
* Schreibe die Zahlen als Wörter. 500, 1000	fünfhundert, eintausend

Aufgabe	Lösung
1. Schreibe die Zahlen als Wörter. 500, 1000	fünfhundert, eintausend
2. Rechne um in Kilogramm. 1700 g	1700 g = 1,7 kg
3. 8457 – 6231 =	2226
4. 6 · 8 =	48

Aufgabe	Lösung
5. T 24 : 4 =	6
* Rechne um in Zentimeter. 1 mm	1 mm = 0,1 cm

Aufgabe	Lösung
1. Rechne um in Zentimeter. 1 mm	1 mm = 0,1 cm
2. Rechne um in Minuten. 3 h 25 min	3 h 25 min = 205 min
3. 1800 : 30 =	60
4. 49 : 7 =	7
5. T 14 • 1 =	14
* Wie viel Zentimeter sind 1 Dezimeter?	1 dm = 10 cm

Aufgabe	Lösung
1. Wie viel Zentimeter sind 1 Dezimeter?	1 dm = 10 cm
2. 90 • 4 =	360
3. Rechne um in Sekunden. 7 min 45 s	7 min 45 s = 465 s
4. Rechne um in Zentimeter. 6 dm	6 dm = 60 cm
5. T 35 € – 28 € =	7 €
* Schreibe richtig auf. *der Dezimeter*	

Aufgabe	Lösung
1. Schreibe richtig auf. *der Dezimeter*	
2. 8 • 9 =	72
3. Rechne um in Euro. 3575 ct	3575 ct = 35,75 €
4. 163 • 4 =	652
5. T 25 : 5 =	5
* Rechne um in Kilometer. 1 m	1 m = 0,001 km

Woche 23

Aufgabe	Lösung
1. Rechne um in Kilometer. 1 m	1 m = 0,001 km
2. Vergleiche und setze das richtige Zeichen. 1,98 € ___ 918 ct	1,98 € = 198 ct 1,98 € < 918 ct
3. Der Postbote beginnt mit seiner Arbeit um 6.30 Uhr. 9 Stunden später darf er nach Hause gehen. Wann ist das?	15.30 Uhr
4. 480 : 8 =	60
5. T 35 : 7 =	5
* Wie viel Kilogramm sind 1 Tonne?	1 t = 1000 kg

Aufgabe	Lösung
1. Wie viel Kilogramm sind 1 Tonne?	1 t = 1000 kg
2. Rechne um in Wochen. 350 Tage	350 Tage = 50 Wochen
3. Ein Fußballspiel dauert 90 Minuten. Rechne um in Sekunden.	90 min = 5400 s
4. Schreibe die Malfolge der 5 auf.	5, 10, 15, 20, 25, 30, 35, 40, 45, 50
5. T 4 · 8 =	32
* Schwalben brüten 3 Wochen. Wie viel Stunden sind das?	21 · 24 h = 504 h

Aufgabe	Lösung
1. Eine Zauneidechse wird bei uns bis zu 24 cm lang. Rechne um in Millimeter.	24 cm = 240 mm
2. Berechne das Achtfache von 55.	55 · 8 = 440
3. Wie viel Gramm sind 1 Pfund?	1 Pfund = 500 g
4. Welche Zahlen gehören nicht zur Malfolge der 6? 24, 42, 56	56
5. T Multipliziere 4 mit 7.	4 · 7 = 28
* Schreibe richtig auf. *die Einheit*	

Aufgabe	Lösung
1. Schreibe richtig auf. *die Einheit*	
2. 3200 : 4 =	800
3. Schreibe die Malfolge der 6 auf.	6, 12, 18, 24, 30, 36, 42, 48, 54, 60
4. 4899 – 1473 =	3426
5. **T** Dividiere 30 durch 5.	30 : 5 = 6
* Schreibe richtig auf. *die Figur, der Körper*	

Aufgabe	Lösung
1. Schreibe richtig auf. *die Figur, der Körper*	
2. Dividiere 2000 durch 100.	2000 : 100 = 20
3. 389,50 € + 562,15 € =	951,65 €
4. 540 : 9 =	60
5. **T** 25 · 10 =	250
* Schreibe richtig auf. *geometrisch*	

Woche 24

Aufgabe	Lösung
1. Schreibe richtig auf. *geometrisch*	
2. Subtrahiere 345 von 895.	895 – 345 = 550
3. 88 : 11 =	8
4. 810 : 9 =	90
5. **T** Richtig oder falsch? 6 · 5 < 7 · 4	Falsch. 30 > 28
* 6300 : 90 =	70

Aufgabe	Lösung
1. Schreibe die Malfolge der 7 auf.	7, 14, 21, 28, 35, 42, 49, 56, 63, 70
2. 216 : 3 =	72
3. Halbiere 6680.	6680 : 2 = 3340
4. T Ergänze. 18 = 3 · ____	18 = 3 · 6
5. 6 · 47 =	282
* 6400 : 800 =	8

Aufgabe	Lösung
1. Schreibe die römischen Zahlen eins bis fünf auf.	I, II, III, IV, V
2. 144 : 3 =	48
3. 7 · 9 =	63
4. 7478 – 5261 =	2217
5. T 700 – 400 =	300
* Rechne um in Meter. 7000 mm	7000 mm = 7 m

Aufgabe	Lösung
1. Schreibe die römischen Zahlen sechs bis zehn auf.	VI, VII, VIII, IX, X
2. 51 · 6 =	306
3. 1000 : 100 =	10
4. 49 : 7 =	7
5. T 8 : 8 =	1
* Vergleiche und setze das richtige Zeichen. 6003 m ____ 6,3 km	6003 m = 6,003 km 6003 m < 6,3 km

Aufgabe	Lösung
1. Schreibe die römischen Zahlen elf und zwölf auf.	XI, XII
2. 54 : 9 =	6
3. Nenne die größte zweistellige Zahl.	99
4. 85,75 € – 62,40 € =	23,35 €
5. T 10 · 50 =	500
* Schreibe die römischen Zahlen 50 und 100 auf.	L, C

Woche 25

Aufgabe	Lösung
1. Schreibe die römischen Zahlen 50 und 100 auf.	L, C
2. Schreibe den Vorgänger und den Nachfolger auf. 4679	4678 4679 4680
3. Rechne um in Zentimeter. 4,78 m	4,78 m = 478 cm
4. Rechne um in Gramm. ½ kg	½ kg = 500 g
5. T Ergänze. 0,50 € = ____ ct	0,50 € = 50 ct
* Schreibe die römischen Zahlen 500 und 1000 auf.	D, M

Aufgabe	Lösung
1. Schreibe die römischen Zahlen 500 und 1000 auf.	D, M
2. 9 · 5 =	45
3. Schreibe die Malfolge der 8 auf.	8, 16, 24, 32, 40, 48, 56, 64, 72, 80
4. Subtrahiere 360 von 630.	630 – 360 = 270
5. T Halbiere 44.	44 : 2 = 22
* Schreibe die römischen Zahlen 13 bis 15 auf.	XIII, XIV, XV

Aufgabe	Lösung
1. Schreibe die römischen Zahlen 13 bis 15 auf.	XIII, XIV, XV
2. 45 · 8 =	360
3. Subtrahiere 790 von 970.	970 – 790 = 180
4. Unterstreiche in Aufgabe 3 den Minuenden.	<u>970</u> – 790 = 180
5. T Vergleiche und setze das richtige Zeichen. 67 ____ 76	67 < 76
* Schreibe die römischen Zahlen 16 bis 18 auf.	XVI, XVII, XVIII

Aufgabe	Lösung
1. Schreibe die römischen Zahlen 16 bis 18 auf.	XVI, XVII, XVIII
2. 9 · 4 =	36
3. Schreibe die Malfolge der 9 auf.	9, 18, 27, 36, 45, 54, 63, 72, 81, 90
4. Verdreifache 75.	75 · 3 = 225
5. T 1000 – 400 =	600
* Schreibe die römischen Zahlen 19 und 20 auf.	XIX, XX

Aufgabe	Lösung
1. Schreibe die römischen Zahlen 19 und 20 auf.	XIX, XX
2. Ergänze. 1 l = ____ ml	1 l = 1000 ml
3. 720 : 12 =	60
4. Rechne um in Dezimeter. 480 cm	480 cm = 48 dm
5. Schreibe die Malfolge der 10 auf.	10, 20, 30, 40, 50, 60, 70, 80, 90, 100
* Vergleiche und setze das richtige Zeichen. XI ____ IX	XI > IX

Woche 26

Aufgabe	Lösung
1. Vergleiche und setze das richtige Zeichen. IV ____ VI	IV < VI
2. Schreibe richtig auf. *die Addition*	
3. Eine Kreuzotter kann bis zu 85 cm lang werden. Rechne um in Millimeter.	85 cm = 850 mm
4. 48 : 8 =	6
5. T 4 · 6 =	24
* 352 · 7 =	2464

Aufgabe	Lösung
1. Schreibe richtig auf. *die Subtraktion*	
2. Zu welcher Malfolge gehören die 18 und die 27?	Zur Malfolge der 3.
3. 45 : 5 =	9
4. Rechne um in Minuten. ¼ h	¼ h = 15 min
5. T 7 · 10 =	70
* 438 · 8 =	3504

Aufgabe	Lösung
1. Schreibe richtig auf. *die Multiplikation*	
2. Zu welcher Malfolge gehören die 28 und die 36?	Zur Malfolge der 4.
3. 62 · 4 =	248
4. 32 : 8 =	4
5. T 40 – 30 =	10
* 98 : 7 =	14

Aufgabe	Lösung
1. Schreibe richtig auf. *die Division*	
2. Zu welchen Malfolgen gehören die 16 und die 32?	Zu den Malfolgen der 4 und der 8.
3. 936 : 3 =	312
4. 877 – 542 =	335
5. T 8 · 3 =	24
* 128 : 8 =	16

Aufgabe	Lösung
1. Welche Rechenarten gehören zu den Strichrechnungen?	Addition und Subtraktion
2. 47 · 6 =	282
3. Zu welcher Malfolge gehören die 36 und die 54?	Zur Malfolge der 6.
4. 1500 : 30 =	50

Aufgabe	Lösung
5. Ergänze. T 48 + ____ = 60	48 + 12 = 60
* 2800 : 7 =	400

Woche 27

Aufgabe	Lösung
1. Welche Rechenarten gehören zu den Punktrechnungen?	Multiplikation und Division
2. Zu welcher Malfolge gehören die 32 und die 64?	Zur Malfolge der 8.
3. 687 – 161 =	526
4. 40 · 70 =	2800
5. T 15 : 3 =	5
* 7697 – 6181 =	1516

Aufgabe	Lösung
1. Punktrechnung geht vor …	… Strichrechnung.
2. Zu welcher Malfolge gehören die 21 und die 42?	Zur Malfolge der 7.
3. 1542 + 1151 =	2693
4. Eine Kreuzotter kann bis zu 85 cm lang werden. Rechne um in Meter.	85 cm = 0,85 m
5. T 4 · 20 =	80
* 3200 : 800 =	4

Aufgabe	Lösung
1. Rechne um in Minuten. ¼ h	¼ h = 15 min
2. In welchem Monat beginnt der Sommer?	Im Juni.
3. Zu welcher Malfolge gehören die 15 und die 21?	Zur Malfolge der 3.
4. 604 : 4 =	151
5. T 15 : 3 =	5
* Berechne das Achtfache von 45.	8 · 45 = 360

Aufgabe	Lösung
1. Rechne um in Minuten. ¾ h	¾ h = 45 min
2. Zu welcher Malfolge gehören die 27 und die 45?	Zur Malfolge der 9.
3. 173 + 324 =	497
4. 888 – 777 =	111
5. T Ordne die Buchstaben zu einem Wort. *fleWrü*	Würfel
* 6400 : 8 – 550 =	(6400 : 8) – 550 = 800 – 550 = 250

Aufgabe	Lösung
1. Wie viel Kilogramm sind 1 Tonne?	1 t = 1000 kg
2. 40 · 40 =	1600
3. Bilde die Differenz aus 300 und 90.	300 – 90 = 210
4. 490 : 7 =	70
5. T Richtig oder falsch? ½ h = 50 min	Falsch. ½ h = 30 min
* 560 : 7 – 65 =	(560 : 7) – 65 = 80 – 65 = 15

Woche 28

Aufgabe	Lösung
1. Nenne zwei Beispiele für geometrische Körper.	z. B.: Würfel, Kugel, Quader, (Pyramide, Zylinder)
2. Welche Zahl ist nicht durch 9 teilbar? 27, 89, 450	89
3. Bilde den Quotienten aus 30 und 10.	30 : 10 = 3
4. 6 · 6 =	36
5. T Ergänze. 5 · ____ = 500	5 · 100 = 500
* Nenne zwei Beispiele für geometrische Figuren.	z. B.: Dreieck, Rechteck, Quadrat, Kreis, Trapez, Parallelogramm

Aufgabe	Lösung
1. Nenne zwei Beispiele für geometrische Figuren.	z. B.: Dreieck, Rechteck, Quadrat, Kreis, Trapez, Parallelogramm
2. Das urzeitliche Riesenkrokodil wog 6000 kg. Rechne um in Tonnen.	6000 kg = 6 t
3. Das Riesenkrokodil war 20 m lang. Rechne um in Dezimeter.	20 m = 200 dm
4. Ordne die Zahlen nach der Größe. Beginne mit der kleinsten. T 2710, 2107, 2017	2017, 2107, 2710
5. T Ordne die Buchstaben zu einem Wort. *daRius*	Radius
* Schreibe richtig auf. *das Trapez*	

Aufgabe	Lösung
1. Schreibe richtig auf. *das Trapez*	
2. Die Wanduhr hat einen Durchmesser von 46 cm. Berechne den Radius.	46 cm : 2 = 23 cm r = 23 cm
3. 16 : 8 =	2
4. Wie viel Milliliter sind ein Liter?	1 l = 1000 ml
5. T Verdopple 220.	220 · 2 = 440 220 + 220 = 440
* Schreibe richtig auf. *das Parallelogramm*	

Aufgabe	Lösung
1. Schreibe richtig auf. *das Parallelogramm*	
2. Das Verkehrsschild hat einen Radius von 30 cm. Berechne den Durchmesser.	30 cm · 2 = 60 cm
3. Wie viel Milliliter sind ein Liter?	1 l = 1000 ml
4. Rechne um in Liter. 5000 ml	5000 ml = 5 l

Aufgabe	Lösung
5. T 25 + 15 =	40
* Schreibe richtig auf. *der Liter, der Milliliter*	

Aufgabe	Lösung
1. Schreibe richtig auf. *der Liter, der Milliliter*	
2. Ergänze. T 350 ml + ____ ml = 1 l	350 ml + 650 ml = 1 l
3. Schreibe als römische Zahl. 4	IV
4. Wie viel Milliliter sind ein halber Liter?	½ l = 500 ml
5. T 12 · 0 =	0
* 2460 : 6 =	410

Woche 29

Aufgabe	Lösung
1. Wie viele Wochen hat ein Jahr?	52
2. 60 : 20 =	3
3. 8 · 9 =	72
4. Rechne um in Euro. 5000 ct	5000 ct = 50 €
5. T 20 – 16 =	4
* Schreibe richtig auf. *das Ergebnis*	

Aufgabe	Lösung
1. Schreibe richtig auf. *das Ergebnis*	
2. 1000 – 110 =	890
3. 8 · 6 =	48
4. Wie viel Milliliter sind ein halber Liter?	½ l = 500 ml

Aufgabe	Lösung
5. T 30 + 40 =	70
* 888 · 6 =	5328

Aufgabe	Lösung
1. Nenne die größte vierstellige Zahl.	9999
2. Schreibe die Zahl als Wort. 100	einhundert
3. 2400 + 300 =	2700
4. Wie viel Milliliter sind ein Viertelliter?	¼ l = 250 ml
5. T 80 – 50 =	30
* Nenne die kleinste fünfstellige Zahl.	10 000

Aufgabe	Lösung
1. Nenne die kleinste fünfstellige Zahl.	10 000
2. 7800 – 700 =	7100
3. 55 · 8 =	440
4. Wie viel Milliliter sind ein Viertelliter?	¼ l = 250 ml
5. T 40 + 50 =	90
* Nenne die größte fünfstellige Zahl.	99 999

Aufgabe	Lösung
1. Nenne die größte fünfstellige Zahl.	99 999
2. Schreibe die Zahl als Wort. 1000	eintausend
3. 95 · 6 =	570
4. Wie viel Milliliter sind ein Dreiviertelliter?	¾ l = 750 ml
5. T 70 – 50 =	20
* Schreibe richtig auf. *zehntausend*	

Woche 30

Aufgabe	Lösung
1. Schreibe richtig auf. *zehntausend*	
2. 81 : 9 =	9
3. 10 000 – 8000 =	2000
4. Wie viel Milliliter sind ein Dreiviertelliter?	¾ l = 750 ml
5. T 300 + 200 =	500
* Vergleiche und setze das richtige Zeichen. T 126 dm ____ 1260 cm	126 dm = 1260 cm

Aufgabe	Lösung
1. Rechne um in Dezimeter. 60 cm	60 cm = 6 dm
2. Schreibe als römische Zahl. 7	VII
3. Richtig oder falsch? Eine Kugel ist eine geometrische Figur.	Falsch. Eine Kugel ist ein geometrischer Körper.
4. 7 · 6 =	42
5. T Addiere 16 und 6.	16 + 6 = 22
* Rechne um in Meter. 5000 mm	5000 mm = 5 m

Aufgabe	Lösung
1. Rechne um in Zentimeter. 7 dm	7 dm = 70 cm
2. Rechne um in Euro. 65 ct	65 ct = 0,65 €
3. 35 : 7 =	5
4. Schreibe als römische Zahl. 10	X
5. T 2 · 70 =	140
* Schreibe drei zweistellige Zahlen auf, die durch 5 teilbar sind.	z.B.: 15, 45, 65

Aufgabe	Lösung
1. Schreibe drei Zahlen auf, die durch 5 teilbar sind.	z. B.: 5, 25, 150, 2000
2. Vergleiche und setze das richtige Zeichen. T 0,85 m ____ 8,5 cm	0,85 m = 85 cm 0,85 m > 8,5 cm
3. Welche Form hat ein Geldschein?	Rechteck
4. Schreibe richtig auf. *plus*	
5. T Schreibe die Malfolge der 2 auf.	2, 4, 6, 8, 10, 12, 14, 16, 18, 20
* Sechs Mäuse wollen 84 g Käse gerecht unter sich aufteilen. Wie viel bekommt jede Maus?	84 g : 6 = 14 g

Aufgabe	Lösung
1. Schreibe richtig auf. *minus*	
2. 10 000 – 2800 =	7200
3. Schreibe die Malfolge der 3 auf.	3, 6, 9, 12, 15, 18, 21, 24, 27, 30
4. 9 · 4 =	36
5. T Halbiere 100.	100 : 2 = 50
* Rechne um in Dezimeter. 5,45 m	5,45 m = 54,5 dm

Woche 31

Aufgabe	Lösung
1. Wie viele Minuten hat ein Tag?	1 Tag = 1440 min
2. 1000 – 718 =	282
3. Schreibe die Malfolge der 4 auf.	4, 8, 12, 16, 20, 24, 28, 32, 36, 40
4. 531 + 387 =	918
5. T Halbiere 1000.	1000 : 2 = 500
* 10 000 – 999 =	9001

Aufgabe	Lösung
1. 1000 – 99 =	901
2. 238 : 7 =	34
3. Schreibe die Malfolge der 5 auf.	5, 10, 15, 20, 25, 30, 35, 40, 45, 50
4. 4300 + 900 =	5200
5. T Verdopple 500.	500 · 2 = 1000 500 + 500 = 1000
* 18 000 : 60 =	300

Aufgabe	Lösung
1. 1800 : 6 =	300
2. Wie viele Tage sind 48 Stunden?	48 h = 2 Tage
3. Schreibe die Malfolge der 6 auf.	6, 12, 18, 24, 30, 36, 42, 48, 54, 60
4. 5 · 12 =	60
5. T Verdopple 5000.	5000 · 2 = 10 000 5000 + 5000 = 10 000
* 180 · 70 =	12 600

Aufgabe	Lösung
1. 560 : 8 =	70
2. Richtig oder falsch? Ein halbes Jahr sind 5 Monate.	Falsch. Ein halbes Jahr sind 6 Monate.
3. Schreibe die Malfolge der 7 auf.	7, 14, 21, 28, 35, 42, 49, 56, 63, 70
4. 55 : 11 =	5
5. T 7 · 3 =	21
* Schreibe richtig auf. *der Summand*	

Aufgabe	Lösung
1. Schreibe richtig auf. *der Summand*	
2. 77 · 11 =	847

Aufgabe	Lösung
3. Schreibe die Malfolge der 8 auf.	8, 16, 24, 32, 40, 48, 56, 64, 72, 80
4. 4 · 7 =	28
5. **T** 13 · 1 =	13
* Schreibe richtig auf. *der Faktor*	

Woche 32

Aufgabe	Lösung
1. Schreibe richtig auf. *der Faktor*	
2. Rechne aus und schreibe die Umkehraufgabe auf. 750 – 350 =	750 – 350 = 400 400 + 350 = 750
3. Schreibe die Malfolge der 9 auf.	9, 18, 27, 36, 45, 54, 63, 72, 81, 90
4. 42 : 7 =	6
5. **T** 9 · 2 =	18
* Schreibe richtig auf. *das Produkt*	

Aufgabe	Lösung
1. Schreibe richtig auf. *das Produkt*	
2. 16 : 8 =	2
3. Schreibe die Malfolge der 10 auf.	10, 20, 30, 40, 50, 60, 70, 80, 90, 100
4. Rechne aus und schreibe die Tauschaufgabe auf. 70 · 30 =	70 · 30 = 2100 30 · 70 = 2100
5. **T** 10 · 7 =	70
* Schreibe richtig auf. *der Minuend*	

Aufgabe	Lösung
1. Schreibe richtig auf. *der Minuend*	
2. 58 · 9 =	522
3. 423 + 374 =	797
4. 36 : 4 =	9
5. T Ergänze. 100 ct = ____ €	100 ct = 1 €
* Schreibe richtig auf. *der Subtrahend*	

Aufgabe	Lösung
1. Schreibe richtig auf. *der Subtrahend*	
2. 4726 € – 3304 € =	1422 €
3. Rechne um in Kilogramm. 300 g	300 g = 0,3 kg
4. 18 · 8 =	144
5. T Ergänze. 15 : ____ = 3	15 : 5 = 3
* Schreibe richtig auf. *die Differenz*	

Aufgabe	Lösung
1. Schreibe richtig auf. *die Differenz*	
2. 7500 + 7500 =	15 000
3. 3500 : 70 =	50
4. 5 · 8 =	40
5. T Halbiere 200.	200 : 2 = 100
* Schreibe richtig auf. *der Dividend*	

Woche 33

Aufgabe	Lösung
1. Schreibe richtig auf. *der Dividend*	
2. 350 : 70 =	5
3. 4500 · 3 =	13 500
4. Rechne um in Tonnen. 7500 kg	7500 kg = 7,5 t
5. T 3 · 50 =	150
* Schreibe richtig auf. *der Divisor*	

Aufgabe	Lösung
1. Schreibe richtig auf. *der Divisor*	
2. Das Porto für einen Brief beträgt T 85 Cent. Rechne um in Euro.	85 ct = 0,85 €
3. Wie viel Euro kostet das Porto für 4 Briefe?	85 ct · 4 = 340 ct 340 ct = 3,40 €
4. 677 · 8 =	5416
5. T 10 · 8 =	80
* Schreibe richtig auf. *der Quotient*	

Aufgabe	Lösung
1. Schreibe richtig auf. *der Quotient*	
2. Dividiere 490 durch 7.	490 : 7 = 70
3. Unterstreiche in Aufgabe 2 den Divisor.	490 : <u>7</u> = 70
4. Rechne um in Tonnen. 3300 kg	3300 kg = 3,3 t
5. T Addiere 20 und 40.	20 + 40 = 60
* Ergänze. 1 cm = ____ m	1 cm = 0,01 m

Aufgabe	Lösung
1. Rechne um in Meter. 4 cm	4 cm = 0,04 m
2. Schreibe richtig auf. *die Addition, die Subtraktion*	
3. Nenne ein Tier, das mehr als 100 kg wiegt.	z. B.: Eisbär, Kuh, Pferd, Nilpferd
4. 34 · 1000 =	34 000
5. T 3 · 30 =	90
* Nenne die kleinste sechsstellige Zahl.	100 000

Aufgabe	Lösung
1. Nenne die kleinste sechsstellige Zahl.	100 000
2. Schreibe richtig auf. *die Multiplikation, die Division*	
3. 9000 · 7 =	63 000
4. 5600 : 80 =	70
5. T 10 · 600 =	6000
* Nenne die größte sechsstellige Zahl.	999 999

Woche 34

Aufgabe	Lösung
1. Nenne die größte sechsstellige Zahl.	999 999
2. 10 000 : 10 =	1000
3. 90 · 70 =	6300
4. 8639 – 2517 =	6122
5. T Schreibe den sechsten Monat auf.	Juni
* Nenne die kleinste siebenstellige Zahl.	1 000 000

Aufgabe	Lösung
1. Nenne die kleinste siebenstellige Zahl.	1 000 000
2. Summanden kann man …	… vertauschen.
3. 54 : 9 =	6

Aufgabe	Lösung
4. Welche Zahl gehört nicht zur Malfolge der 7? T 27, 35, 49	27
5. T Ergänze. 50 mm = 5 ____	50 mm = 5 cm
* Nenne die größte siebenstellige Zahl.	9 999 999

Aufgabe	Lösung
1. Nenne die größte siebenstellige Zahl.	9 999 999
2. Faktoren kann man …	… vertauschen.
3. Verdopple 38 000.	38 000 · 2 = 76 000 38 000 + 38 000 = 76 000
4. Dividiere 72 durch 8.	72 : 8 = 9
5. T Ergänze. ½ kg = 500 ____	½ kg = 500 g
* Rechne um in Dezimeter. 4,5 m	4,5 m = 45 dm

Aufgabe	Lösung
1. Rechne um in Dezimeter. 1,5 m	1,5 m = 15 dm
2. Summand + Summand =	Summe
3. Multipliziere 35 mit 8.	35 · 8 = 280
4. Halbiere 13 000.	13 000 : 2 = 6500
5. T Teile 90 durch 3.	90 : 3 = 30
* Rechne um in Milliliter. 6,8 l	6,8 l = 6800 ml

Aufgabe	Lösung
1. Rechne um in Liter. 2000 ml	2000 ml = 2 l
2. Minuend – Subtrahend =	Differenz
3. 86 000 – 68 000 =	18 000
4. Bilde das Produkt aus 36 und 7.	36 · 7 = 252

Aufgabe	Lösung
5. T Die Hälfte von 400 € sind ...	... 200 €.
* Rechne um in Tonnen. 120 000 kg	120 000 kg = 120 t

Woche 35

Aufgabe	Lösung
1. Rechne um in Tonnen. 14 000 kg	14 000 kg = 14 t
2. Faktor · Faktor =	Produkt
3. Wie viel Stunden hat eine Woche?	24 · 7 = 168
4. 7 · 7 =	49
5. T 280 cm – 200 cm =	80 cm
* Rechne um in Millimeter. 3,8 m	3,8 m = 3800 mm

Aufgabe	Lösung
1. Rechne um in Millimeter. 25 cm	25 cm = 250 mm
2. Dividend : Divisor =	Quotient
3. 8 · 8 =	64
4. 4900 : 700 =	7
5. T Ordne die Buchstaben zu einem Wort. *lpsu*	plus
* Der Sprungturm im Freibad ist 3 m hoch. Rechne um in Millimeter.	3 m = 3000 mm

Aufgabe	Lösung
1. Rechne um in Millimeter. 4 dm	4 dm = 400 mm
2. Welche Rechenarten gehören zu den Punktrechnungen?	Multiplikation und Division
3. 90 : 5 =	18

Aufgabe	Lösung
4. Verdopple 17,50 €.	17,50 € · 2 = 35 € 17,50 € + 17,50 € = 35 €
5. T Ordne die Buchstaben zu einem Wort. *umsin*	minus
* Die Bahn im Freibad ist 5000 cm lang. Rechne um in Meter.	5000 cm = 50 m

Aufgabe	Lösung
1. Rechne um in Kilometer. 10 000 m	10 000 m = 10 km
2. Welche Rechenarten gehören zu den Strichrechnungen?	Addition und Subtraktion
3. Kann das stimmen? Eine Kugel Eis kostet 1500 ct.	Nein, das wären 15 €.
4. 32 : 8 =	4
5. T Richtig oder falsch? ¼ h = 25 min	Falsch. ¼ h = 15 min
* Die Bahn auf dem Sportplatz ist 400 m lang. Rechne um in Zentimeter.	400 m = 40 000 cm

Aufgabe	Lösung
1. Rechne um in Dezimeter. 98 cm	98 cm = 9,8 dm
2. Punktrechnung geht vor …	… Strichrechnung.
3. 720 : 8 =	90
4. 27 · 6 =	162
5. T Welche Ferien des Schuljahres dauern am längsten?	Die Sommerferien.
* Wie viel Stunden hat ein Ferientag?	24 Stunden – wie alle Tage.